À TRÈS **PETITS PAS**

Le ciel

Directrice de collection : Claire Laurens
Édition simplifiée de *Le Ciel à petits pas,* Actes Sud, 2010
Éditrice : Isabelle Péhourticq assistée de Marine Tasso
Directeur de création : Kamy Pakdel
Directeur artistique : Guillaume Berga
Maquette : Sarah Dugrip

ISBN : 978-2-330-01985-3
Loi 49-956 du 16 juillet 1949 sur les publications destinées à la jeunesse.
Reproduit et achevé d'imprimer en avril 2013 par l'imprimerie Pollina à Luçon - L64378f
pour le compte des éditions ACTES SUD, Le Méjan, Place Nina-Berberova, 13200 Arles
Dépôt légal 1re édition : mai 2013 - Imprimé en France.

Le ciel

MICHÈLE MIRA PONS
Illustrations : ROBERT BARBORINI

ACTES SUD
JUNIOR

1

Comment sait-on ce qu'il y a dans le ciel ?

Depuis toujours, l'homme observe le ciel. L'astronomie a permis de percer quelques-uns de ses secrets.

• L'astronomie

Les astronomes sont des scientifiques qui étudient les astres. Pour observer le ciel, ils ont inventé la **lunette astronomique**, puis des **télescopes** de plus en plus perfectionnés. Certains sont gigantesques. D'autres sont envoyés dans l'espace pour nous transmettre de précieuses informations.

• Voyager dans l'espace

Depuis la fin des années 1960, on sait envoyer des **satellites**, des **sondes** et des **fusées** dans l'espace. Plusieurs équipages se sont posés sur la Lune. Des robots ont déjà été expédiés sur Mars pour étudier son sol. Un jour, on enverra sûrement des hommes sur cette planète.

LA DÉCOUVERTE DE GALILÉE

Autrefois, on croyait que le Soleil tournait autour de la Terre. En 1632, l'astronome Galilée a compris que c'était l'inverse : c'est la Terre qui tourne autour du Soleil. On l'a mis en prison pour avoir exprimé cette idée.

2

Qu'est-ce que l'atmosphère ?

C'est un mélange de gaz qui entoure la Terre. C'est aussi l'air que tu respires.

L'atmosphère est composée d'**azote**, d'**oxygène**, d'autres gaz et de **vapeur d'eau**. Elle fait **1 000 kilomètres** d'épaisseur. Comme une fée bienveillante, elle protège les êtres vivants des rayonnements du Soleil. Il s'y passe toujours quelque chose : des nuages, de la pluie, des arcs-en-ciel, du vent, des éclairs, du brouillard.

• Le jour, l'atmosphère nous masque les étoiles

Comme elle est éclairée par le Soleil, on ne voit pas au travers. C'est comme si tu éclairais un rideau avec une lampe : tu ne verrais plus les lumières de la rue qui se trouvent derrière le rideau. La nuit, quand l'atmosphère n'est plus éclairée par le Soleil, on voit à nouveau les étoiles.

LE SAIS-TU ?

Sur la Lune, il n'y a pas d'atmosphère comme autour de la Terre. Si tu étais sur la Lune, tu pourrais voir les étoiles à n'importe quel moment du jour.

3

De quoi est fait le Soleil ?

Comme toutes les étoiles, le Soleil est une énorme boule de gaz très chaude.

• La naissance du Soleil

Il s'est formé il y a plus de quatre milliards d'années, à partir d'un immense amas de particules de **gaz** et de **poussières** qui se sont attirées. Son diamètre est cent dix fois plus grand que celui de la Terre. Les astronomes prévoient que, dans cinq milliards d'années, il aura fini de brûler et s'éteindra lentement.

• Quelle chaleur !

Au centre du Soleil, la chaleur approche **15 millions de degrés**. À sa surface, il fait **6 000 degrés**.
Mais sans ses rayons qui rythment la vie des plantes, des animaux et des humains, il n'y aurait pas de vie sur Terre.

ATTENTION À TES YEUX !

Il ne faut jamais observer le Soleil à l'œil nu, ni avec des lunettes de soleil ou une lunette astronomique. Tu pourrais te brûler les yeux. Il faut utiliser des verres spéciaux qu'on trouve dans les boutiques d'astronomie.

4

Pourquoi le Soleil bouge-t-il dans le ciel ?

En fait, le Soleil ne bouge pas.
C'est la Terre qui tourne autour de lui.

Dans l'espace, la Terre tourne autour du Soleil. En même temps, elle tourne sur elle-même comme une toupie. Grâce à ces deux mouvements, nous connaissons le jour, la nuit et les saisons.

• Le jour et la nuit

La Terre tourne sur elle-même en 24 heures. Pendant qu'une de ses faces reçoit les rayons du Soleil, l'autre est dans l'ombre. Il fait **jour** d'un côté et **nuit** de l'autre.

• Les saisons

La Terre met **365 jours** et quelques heures à faire le tour du Soleil. Mais comme son axe est incliné, elle ne reçoit pas toujours les rayons du Soleil sous le même angle. En France, l'été, ses rayons arrivent tout droit : il fait chaud, les journées sont longues, le Soleil monte haut dans le ciel. L'hiver, les rayons arrivent de biais : il fait froid, les journées sont courtes, le Soleil reste bas à l'horizon.

5

Pourquoi la Lune change-t-elle de forme ?

As-tu remarqué ? En forme de croissant, elle enfle nuit après nuit jusqu'à devenir ronde, puis diminue et disparaît.

La Lune est illuminée de loin par le Soleil, comme la Terre.
Quatre fois plus petite que notre planète, elle est son **satellite** : elle tourne autour de la Terre. Ainsi, elle ne te montre qu'une partie de sa surface éclairée, qui change de nuit en nuit. Ce sont les phases de la Lune. Pour accomplir un tour de Terre et revenir à la même place, elle met **29 jours**.

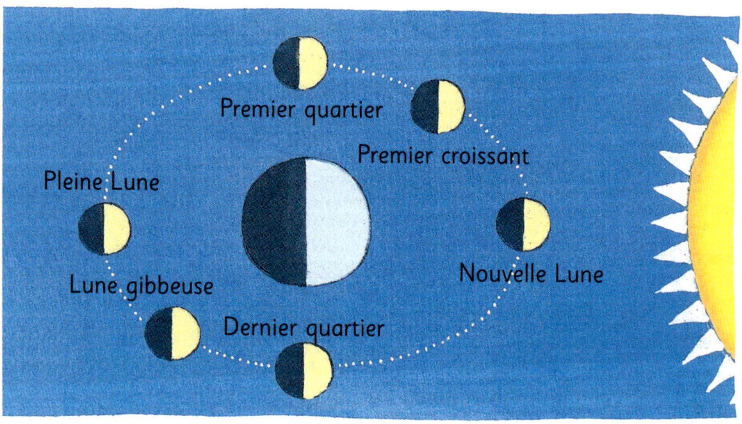

• Joue à reconnaître les phases de la Lune

Si tu peux écrire un P (comme premier quartier) en tenant ton doigt devant la Lune, **elle croît** et sera bientôt pleine. Si tu peux écrire un D (comme dernier quartier), **elle décroît** et va bientôt disparaître.

6

Qu'est-ce qu'une éclipse ?

En tournant les uns autour des autres,
les astres jouent parfois à cache-cache.
Il se produit alors une éclipse.

• L'éclipse de Soleil

Elle se produit quand **la Lune passe entre le Soleil et la Terre**. Vu de la Terre, le disque de la Lune masque petit à petit le Soleil. Pendant quelques minutes, une partie de la Terre est dans l'ombre, comme si la nuit tombait en plein jour.

• L'éclipse de Lune

De temps en temps, la Lune passe dans l'ombre de la Terre. **La Terre lui masque les rayons du Soleil.** Cependant, les rayons éclairent encore légèrement sa surface, à travers l'atmosphère. La Lune se colore alors en rouge.

COMMENT LA LUNE PEUT-ELLE CACHER LE SOLEIL ?

Elle est 400 fois plus petite que le Soleil, mais elle est 400 fois plus proche de la Terre que lui. Vue de la Terre, elle semble avoir le même diamètre que le Soleil.

Combien de planètes tournent autour du Soleil ?

En comptant la Terre, huit planètes tournent autour du Soleil. Ces huit planètes forment le système solaire.

• Retiens leur nom

Si on les classe en partant de celle qui est la plus proche du Soleil, on trouve, dans l'ordre : Mercure, Vénus, la Terre, Mars, Jupiter, Saturne, Uranus et Neptune.

• Elles sont toutes très différentes

Jupiter est onze fois plus grosse que la Terre, Saturne est entourée d'anneaux de pierre et de glace, Mars est de couleur rouge, Neptune est glaciale (il y fait -213 °C).
Comme la Terre, certaines ont des satellites qui tournent autour d'elles.

COMMENT FAIRE LA DIFFÉRENCE ENTRE UNE PLANÈTE ET UNE ÉTOILE ?

Dans le ciel, les planètes brillent nettement. Si tu prends un repère (un clocher, un arbre) que tu observes plusieurs soirs de suite, tu constateras que les planètes se déplacent. Les étoiles, elles, clignotent et semblent fixes.

8

Qu'est-ce qu'une étoile ?

Les étoiles sont toutes des soleils. Comme le nôtre, ce sont des boules de poussières et de gaz brûlant.

• La vie des étoiles

Lors de la naissance d'une étoile, des poussières et des gaz **s'agglutinent** pour former un cœur brûlant. Ce cœur est entouré d'anneaux de matière qui deviennent des planètes. Les étoiles vivent des millions ou des milliards d'années. Certaines explosent avant de disparaître. D'autres se consument et refroidissent peu à peu. Tu les vois dans le ciel nocturne, mais elles sont très éloignées de la Terre.

• Trois conseils pour observer le ciel

Quand : à la fin de l'automne ou l'hiver, quand la nuit est bien noire.
Où : à la campagne, loin des lumières de la ville.
Comment : couvre-toi bien et observe le ciel à l'œil nu. Essaie de repérer les constellations et de reconnaître les étoiles les plus brillantes.

9

D'où viennent les étoiles filantes ?

Le ciel est sans cesse traversé par des objets qui ne sont ni des planètes ni des étoiles.

Les astéroïdes sont des bouts de rochers qui se trouvent entre Mars et Jupiter. Ils vont très vite mais n'entrent jamais dans l'atmosphère terrestre.

Les comètes sont des débris de poussières glacés qui forment des nuages aux limites du système solaire. Quelquefois, elles traversent notre ciel comme un feu d'artifice.

Les étoiles filantes sont souvent des restes de comètes. Lorsqu'elles entrent dans l'atmosphère terrestre, elles brûlent et font une traînée de lumière. On les appelle aussi des **météorites**. Il arrive qu'un morceau tombe sur Terre. C'est d'ailleurs l'explosion d'une énorme météorite qui a sans doute fait disparaître les dinosaures.

10

Comment reconnaître les constellations ?

Les constellations sont des dessins que les étoiles forment dans le ciel.

Le nom des constellations vient souvent des Grecs anciens, qui ont imaginé des légendes pour expliquer ces formes.

La plus facile à voir est la Grande Ourse.
Faite de sept étoiles, elle a la forme d'une casserole avec un long manche.

Si tu tires un trait imaginaire en suivant le bord droit de la casserole, tu trouveras l'Étoile polaire. Elle est très brillante, les autres étoiles semblent tourner autour d'elle.
À sa gauche se trouve la Petite Ourse, qui ressemble à une casserole renversée. L'étoile polaire est le dernier point de son manche.

Tu peux essayer de trouver Cassiopée, qui a la forme d'un W sur l'image, à droite.

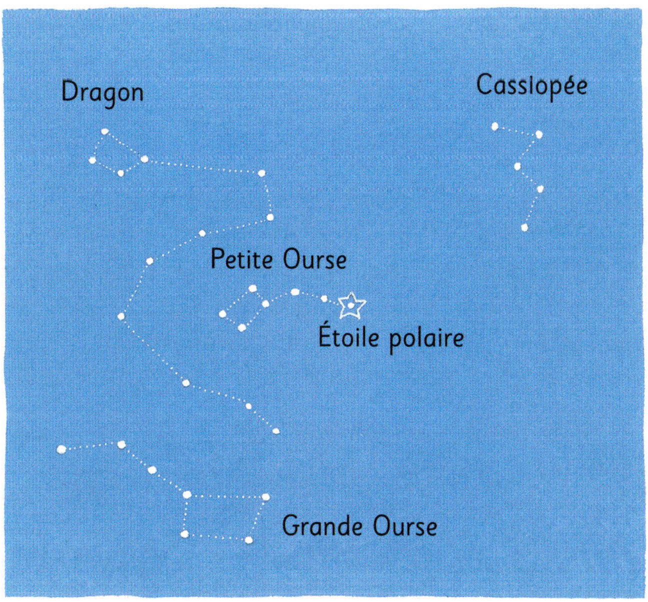

11

C'est quoi, la Voie lactée ?

C'est une immense traînée blanche qu'on peut apercevoir lorsque la nuit est bien dégagée.

• Comment la voir ?

Tu peux la voir si la nuit est très noire, sans Lune et sans nuages. Elle est formée de plus de **cent milliards d'étoiles**. La plupart des constellations et des étoiles que tu aperçois depuis la Terre font partie de la Voie lactée.

• La Voie lactée est notre galaxie

Elle a la forme d'une spirale avec des bras qui tournent comme une chevelure. Notre système solaire se trouve sur l'un de ses bras. Regarde comme il paraît petit !

Dans l'univers, il existe pourtant des millions d'autres galaxies. Certaines sont en forme de spirale comme la Voie lactée. D'autres forment une grosse boule lumineuse ou ont des formes irrégulières.

12

Quelle taille fait l'univers ?

L'univers est si grand que cela donne le vertige. Dans cette immensité, la Terre est un point minuscule.

• Notre galaxie

Imagine que notre système solaire est une pièce dans un grand château, qui serait notre galaxie. Dans ce château, il existe des milliers d'autres pièces : les autres étoiles et leurs systèmes solaires. Mais tout autour, il y a des millions d'autres châteaux : les autres galaxies.

• À la vitesse de la lumière

Dans l'univers, les distances sont si grandes qu'on les calcule en années-lumière.

Car la lumière va très vite ! Si tu voyageais à la même vitesse qu'elle, en partant de la Terre, tu atteindrais la Lune en 1 seconde, le Soleil en 8 minutes, Jupiter en 45 minutes. Mais il te faudrait 4 ans pour rejoindre l'étoile la plus proche, Alpha du Centaure... et 2 millions d'années pour arriver à la galaxie d'Andromède !

ELLE COURT, ELLE COURT, LA LUMIÈRE

Une année-lumière égale 9 460 milliards de kilomètres : c'est la distance que parcourt la lumière en une année.

QUIZ

1. Les scientifiques qui observent les astres sont :
a. des astronautes
b. des astronomes

2. L'instrument qui permet d'observer les objets dans le ciel s'appelle :
a. le télescope
b. le périscope

3. L'atmosphère a une épaisseur de :
a. 5 kilomètres
b. 1000 kilomètres

4. Sur la Lune, il n'y a pas d'atmosphère.
Vrai
Faux

5. Le Soleil est :
a. une étoile
b. une planète

6. En combien de temps la Terre fait-elle le tour du Soleil ?

a. 24 heures

b. 365 jours

7. La Lune est le satellite de la Terre.

Vrai

Faux

8. Il y a une éclipse de Soleil quand :

a. le Soleil nous cache la Lune

b. la Lune nous cache le Soleil

9. Combien y a-t-il de planètes dans le système solaire ?

a. 5

b. 8

10. Une étoile filante ou météorite est :

a. un reste de comète qui s'enflamme en entrant dans l'atmosphère

b. une étoile qui tombe du ciel

11. La Grande Ourse est formée de :

a. 4 étoiles

b. 7 étoiles

12. La Voie Lactée est :

a. une galaxie

b. une constellation

Réponses

1 b – 2 a – 3 b – 4 Vrai – 5 a – 6 b – 7 Vrai – 8 b – 9 b – 10 a – 11 b - 12 a

DANS LA MÊME COLLECTION :

À TRÈS PETITS PAS
La mer et les océans
GEORGES FETERMAN • GILLES LEROUVILLOIS
ACTES SUD JUNIOR

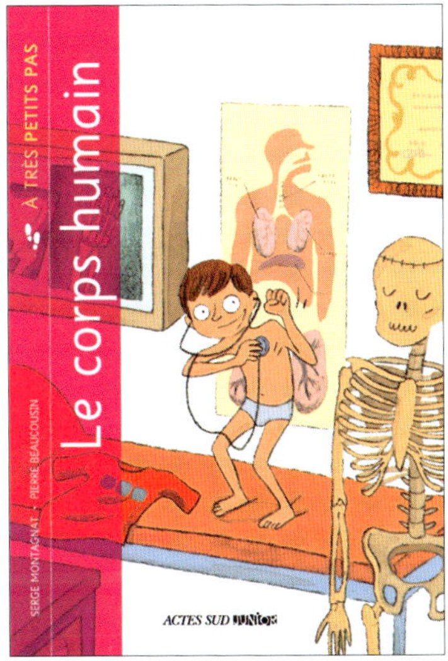
À TRÈS PETITS PAS
Le corps humain
SERGE MONTAGNAT • PIERRE BEAUCOUSIN
ACTES SUD JUNIOR

À TRÈS PETITS PAS
Les aliments
MICHÈLE MIRA PONS • MARION PUECH
ACTES SUD JUNIOR

À TRÈS PETITS PAS
L'écologie
FRANÇOIS MICHEL • MARC BOUTAVANT
ACTES SUD JUNIOR